创意数学：我的数学拓展思维训练书

THE GRAPES OF MATH

水果中的数学

[美]格雷戈·唐◎著 [美]哈利·布里格斯◎绘

小杨老师◎译

哈尔滨出版社
HARBIN PUBLISHING HOUSE

谨以此书献给亲爱的格雷
戈里、艾米丽和凯蒂

——格雷戈·唐

谨以此书献给我的
祖母艾克林。

——哈利·布里格斯

作者手记

有些孩子天生就数学好吗？还是说他们掌握了更有效的方法去思考数字、解决问题？《水果中的数学》通过一系列有趣的数学谜题，向孩子们介绍了算术的艺术。这些谜题既可以让孩子们（和家长们）更富有创造性地思考，同时还会教授一些宝贵的计算技巧，让孩子们的加法计算更快更准确。

这本书为孩子们上了四堂重要的课：第一，开发大脑，孩子们将学着跳出常规思维，去寻找更聪明的解题方法。第二，学会战略性思考，鼓励孩子们将长串求和简单化，使加法变得更容易。第三，教孩子们如何在解决问题时节省时间，比如先加后减。第四，让孩子们学会寻找问题的规律性和对称性来整合信息。

我希望每一个读到这本书的人都可以喜欢这些令人激动的新解题方法，学会用创造力和常识解决问题，而不是一味地死记硬背公式。我希望每一个孩子都可以借着这样的指导，培养学习数学的信心和技巧，成为有效解决问题的小能手。祝你们阅读愉快！

Greg Tang

格雷戈·唐

参考答
案在本书
最后

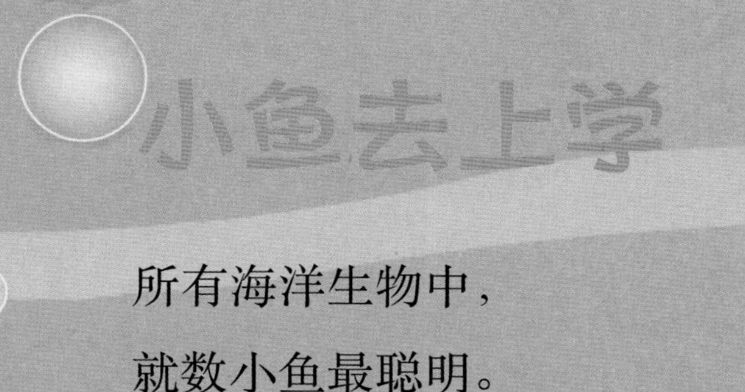

小鱼去上学

所有海洋生物中，
就数小鱼最聪明。

其他动物还在撒野耍酷，
小鱼们已经开心地来上学了。

班里有多少条鱼？
快快说出答案，你才能过关。

给个小小的线索，
沿着斜线数数看。

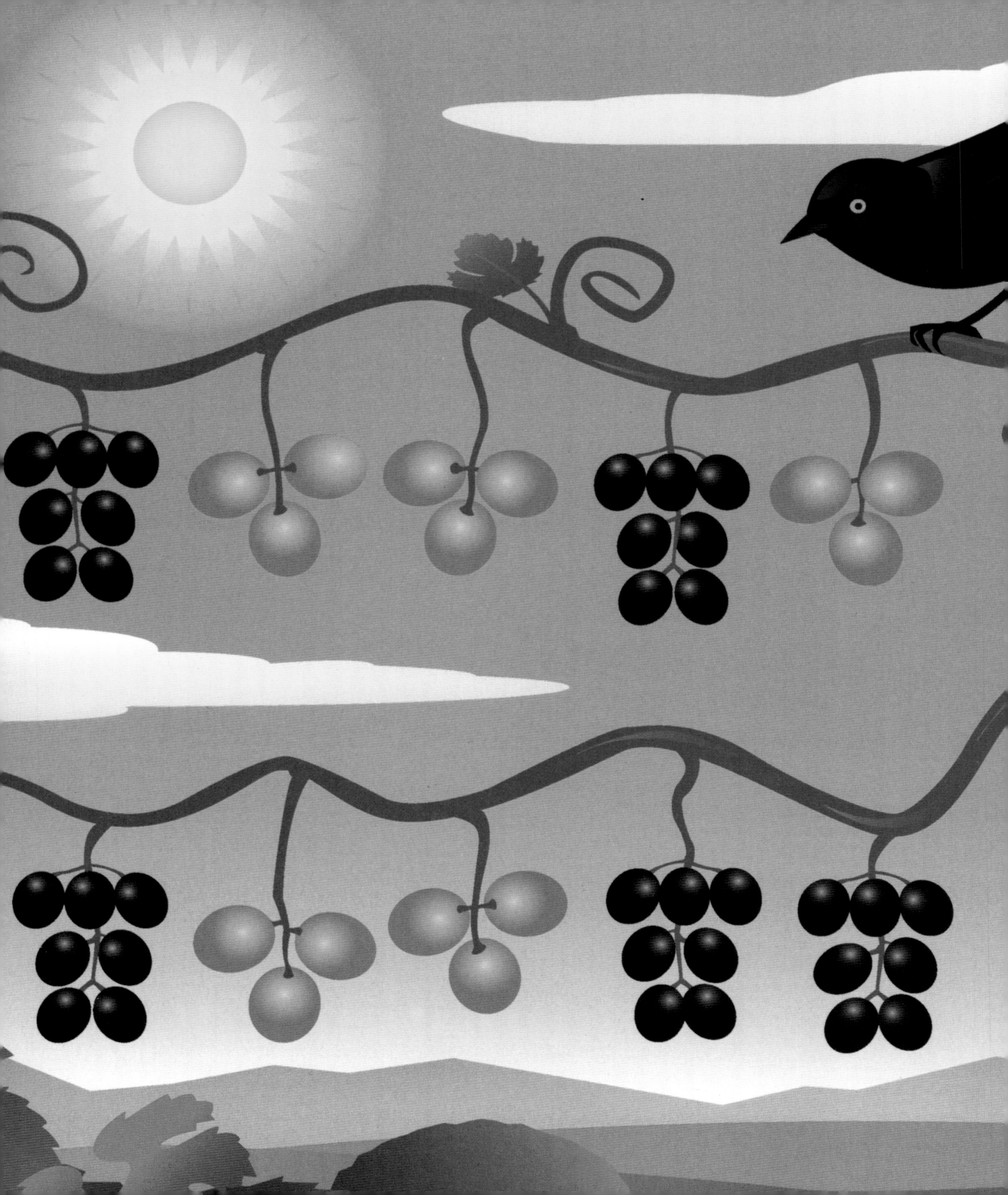

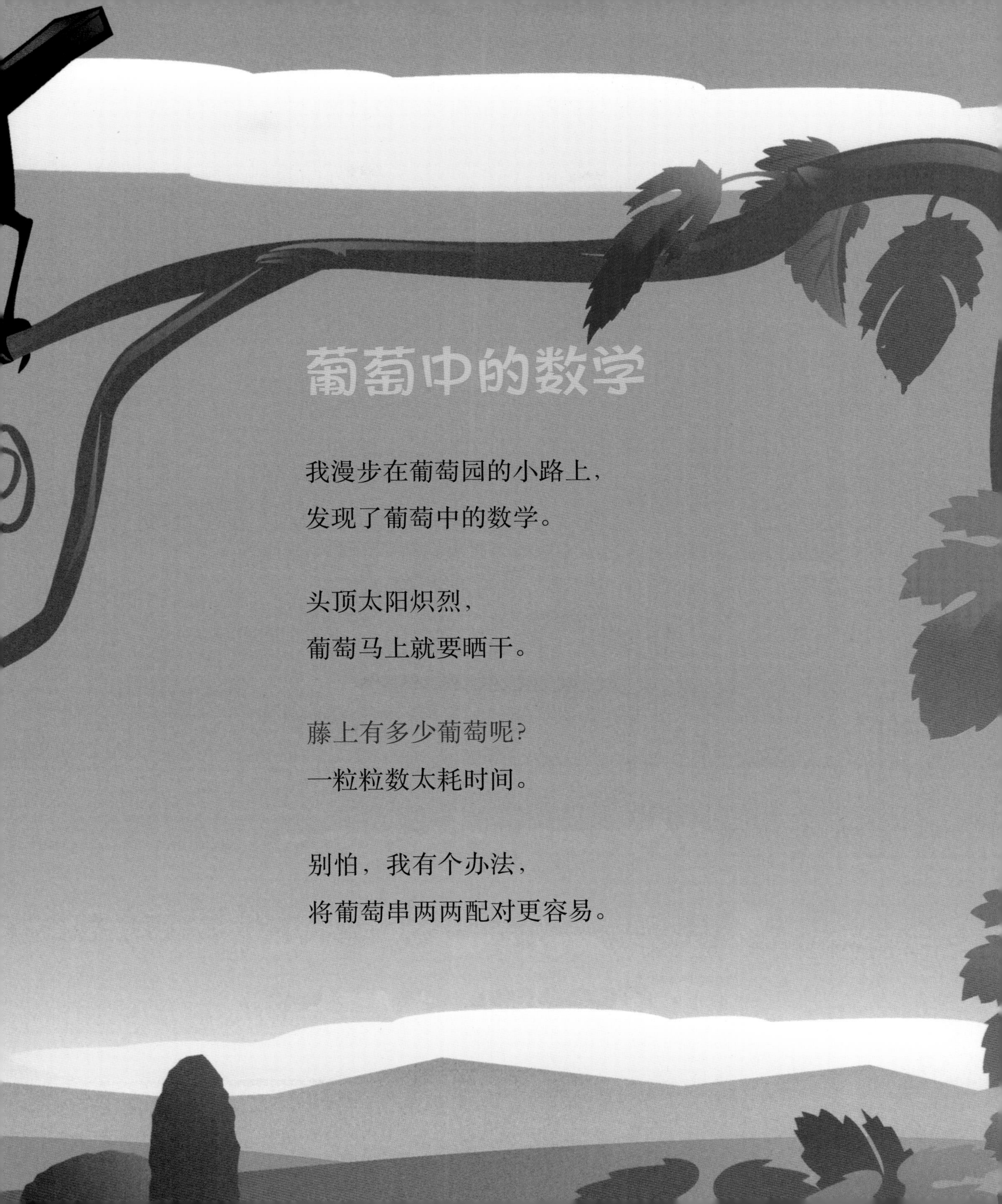

葡萄中的数学

我漫步在葡萄园的小路上，
发现了葡萄中的数学。

头顶太阳炽烈，
葡萄马上就要晒干。

藤上有多少葡萄呢？
一粒粒数太耗时间。

别怕，我有个办法，
将葡萄串两两配对更容易。

一天我在林间空地散步，
看到一队蜗牛正在游行！

蜗牛整整齐齐排排走，
如何才能知道有几只呢？

不要一只一只数，
试着先把空位补齐。

蚂蚁进攻

蚂蚁们大叫着“有野餐”！

你看到了多少只？

一只一只数过去，

野餐早就被吃光了。

不如先找出一个方形，

很快就能得到答案。

驼峰是一还是二

即使口渴难耐，
骆驼还在前行！

它们头顶烈日，整天跋涉。
驼峰有两个，也有一个。

驼峰相加有多少?
千万别数一二三……

5 个一组再相加，
算得又快又准确。

甜甜的樱桃

苹果太暴躁，莓子太忧郁，
樱桃都很甜，就像你一样。

你看到多少颗樱桃？
请不要一颗颗地数。

两两一组再相加，
午餐前就能有答案！

土拨鼠不见了

土拨鼠不会狩猎和大叫，
不能在夜晚保护你。

它们只会学鼹鼠，
刨土、挖洞、钻地道。

数数有多少个空土堆，
最好的方法是做减法。

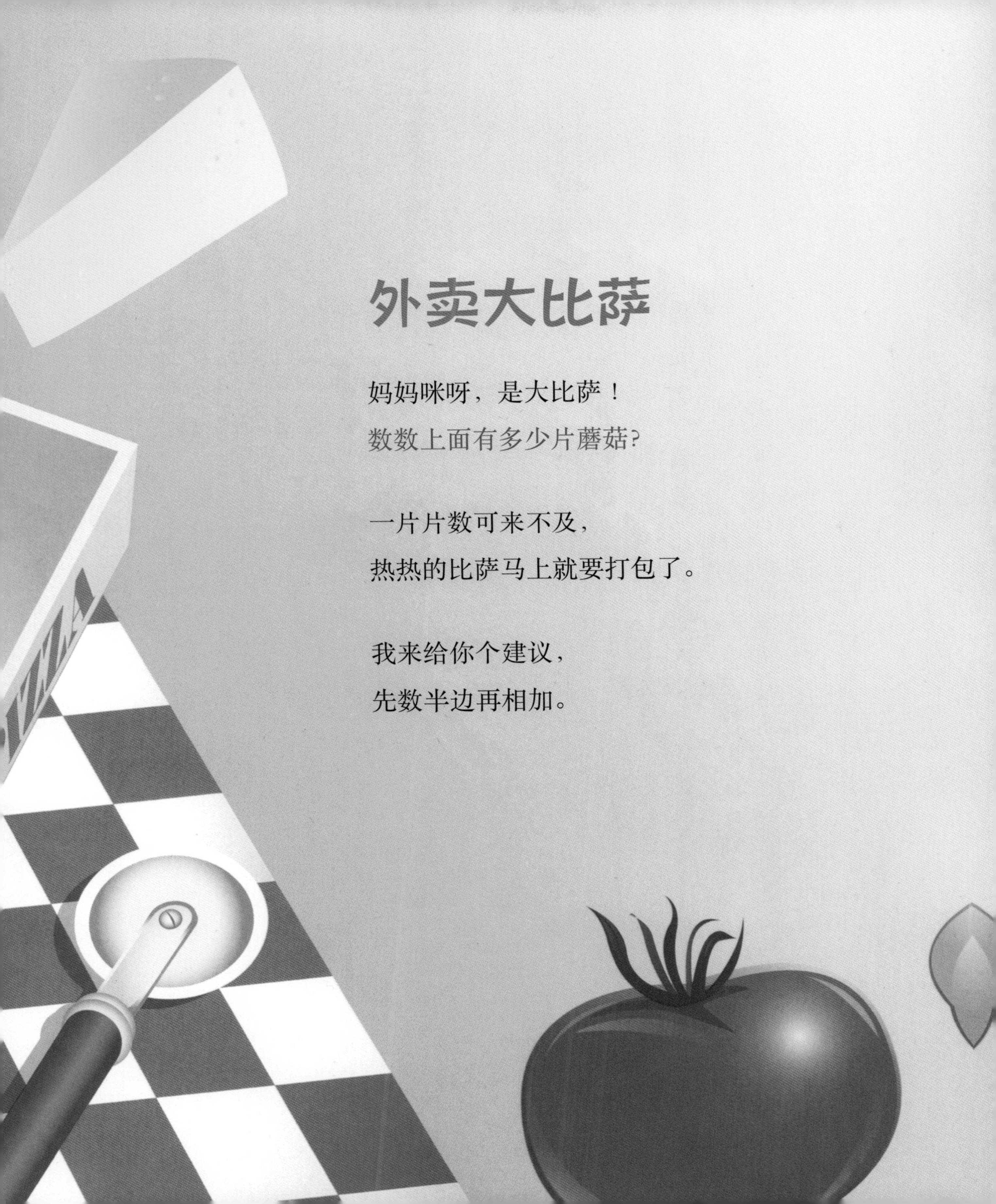

外卖大比萨

妈妈咪呀，是大比萨！
数数上面有多少片蘑菇？

一片片数可来不及，
热热的比萨马上就要打包了。

我来给你个建议，
先数半边再相加。

认识骰子

快来玩闪亮的幸运骰子，
掷出一对要数两次。

6 点、1 点、3 点各四个，
加一加一共有多少点呢？

数前记得先观察，
凑成 10 点更好算。

草莓籽

草莓从土里长出来，
没什么比它更美味了。

草莓籽密密麻麻排成行，
每一粒都会长成一株植物。

一共有多少粒草莓籽？
不怕麻烦就数数看。

我有一个小技巧：
草莓籽两行凑一组，
每组求和都是９！

ZZZZZZ
ZZZZZZ
ZZZZZZ
ZZZZZZ
ZZZZZZ
ZZZZZZ
ZZZZZZ
ZZZZZZ

睡着的窗户

躺在床上尝试入睡，
数绵羊不如来数窗户。

多少扇窗户亮着灯？
教你个聪明的方法。

不要只数亮灯的窗户，
将关着灯的先减掉。

清凉的风

炎炎夏日，女生手里总会拿把扇子。

晃手轻摇，凉风阵阵，感觉好极了。

扇子上有多少个装饰点？

加一加，算一算，看看你能有多快。

比起 3 个一组来相加，

5 个一组实在太容易。

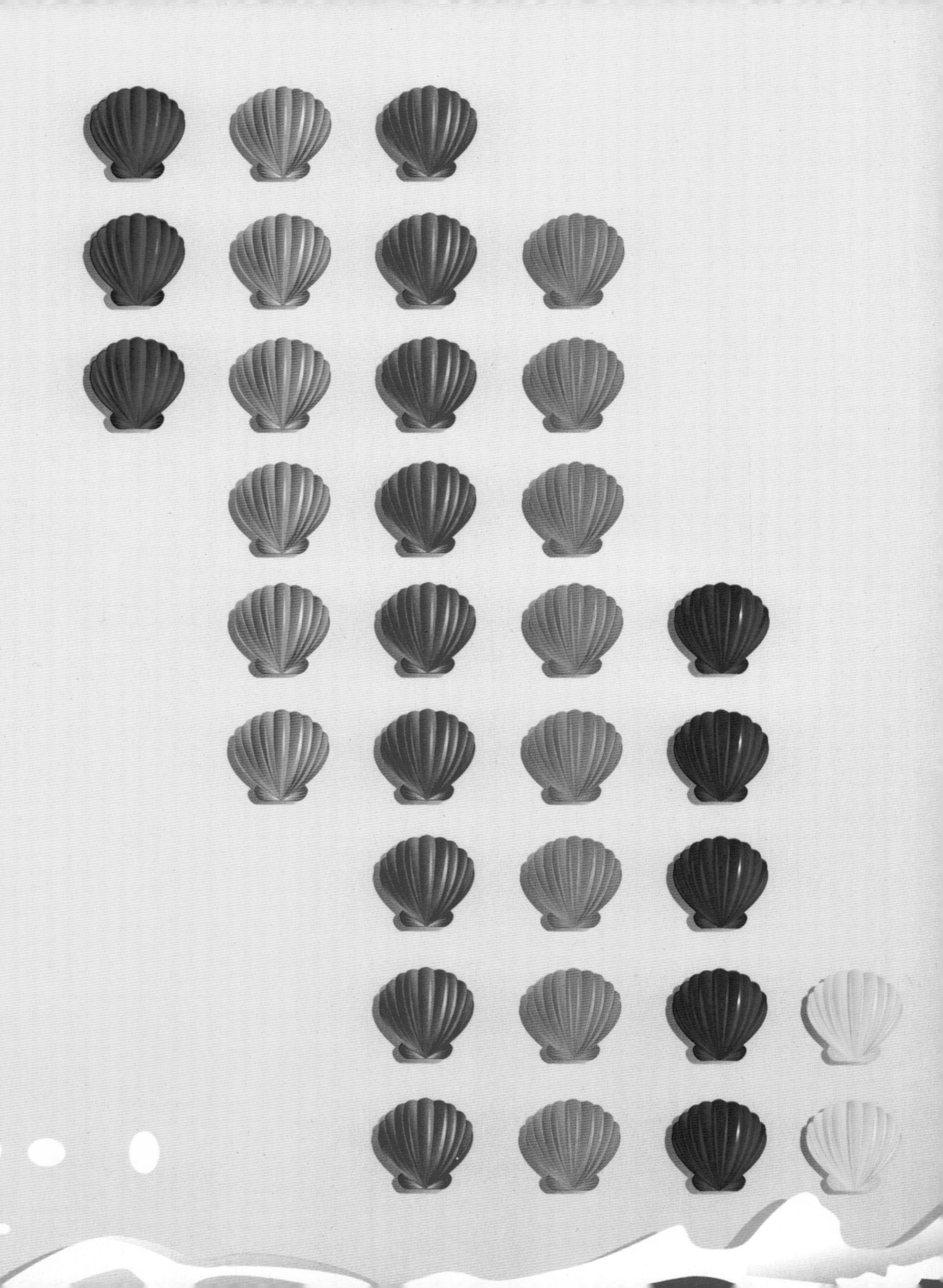

扇贝的惊喜

沙滩上的扇贝看上去不错，
要是成为盘中餐就更棒了。

可惜大家不知道，
扇贝抹上黄油才好吃！

有多少扇贝在这里？
午餐要开始，快来数一数。

相加之前先找个规律，
得出答案就可以开动啦！

会飞的西瓜子

炎热的夏日里，
没什么比西瓜更解渴。

每咬一口多汁的西瓜，
我就把西瓜子吐干净。

有多少粒小小西瓜子？
你也许需要个小提示。

西瓜两两配对算出和，
再把三组相加答案得。

丛林里面危险重重，
作为虫子可要小心。

黏黏的舌头正在逼近，
小心变成美味的零食！

你看到多少只甲虫？
趁逃走前快数一数。

给你一点小提示：
先加后减真容易！

鸟宝宝

在你拥有一个庞大的家族之前，
最好先计划一下大家住在哪里。

比起建个巨大的窝，
多几个小窝更温馨。

趁着鸟宝宝还没孵化，
快数数一共有多少只？

给你一个重要提示：
4 个一组算起来更快！

参考答案

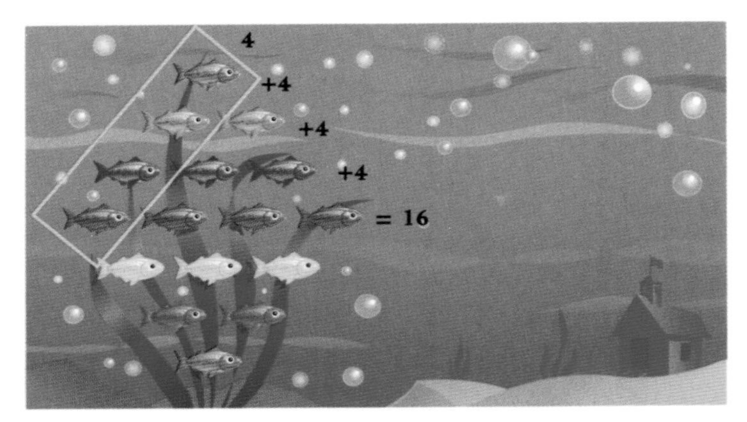

小鱼去上学

不要一行一行地数，斜着看，每一条斜线上有 4 条鱼，一共有 4 条斜线，所以是 16 条鱼。

4 ＋ 4 ＋ 4 ＋ 4 ＝ 16

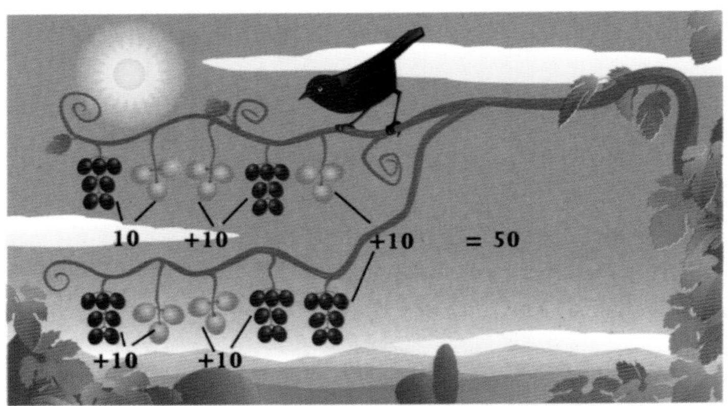

葡萄中的数学

如果可能的话，先把葡萄凑成整数再求和。这些葡萄可以划分成 5 组，每组 10 粒，一共有 50 粒葡萄。

10 ＋ 10 ＋ 10 ＋ 10 ＋ 10 ＝ 50

蜗牛游行

首先假设空缺的 3 只蜗牛存在。这样就有 5 行蜗牛，每行 5 只，一共有 25 只蜗牛。接着，减掉假设存在的蜗牛，还剩 22 只。

25 － 3 ＝ 22

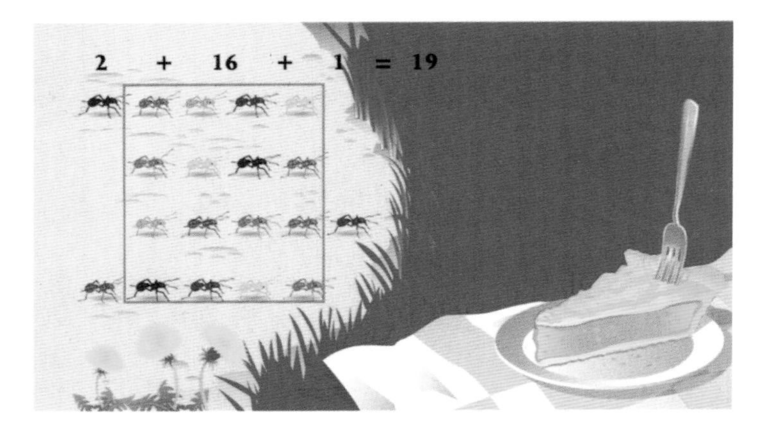

蚂蚁进攻

4 只蚂蚁排成一排，4 排组成了一个正方形，这里有 16 只蚂蚁。然后加上正方形外的 3 只蚂蚁，一共有 19 只蚂蚁。

2 ＋ 16 ＋ 1 ＝ 19

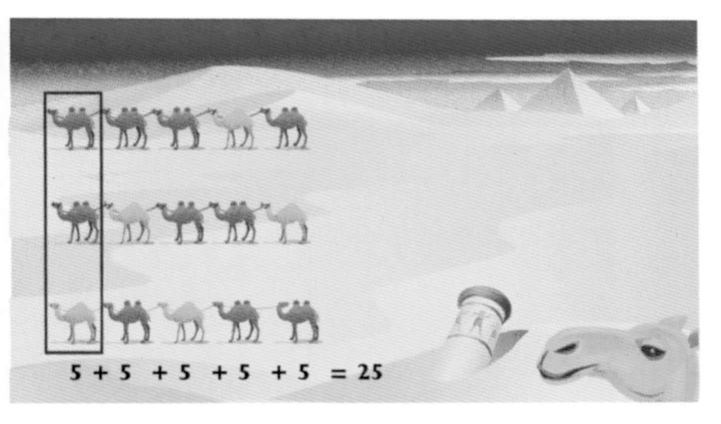

驼峰是一还是二

不要把驼峰横向相加，试试按竖列加起来。5 列中每列有 5 个驼峰，一共有 25 个驼峰。

5 ＋ 5 ＋ 5 ＋ 5 ＋ 5 ＝ 25

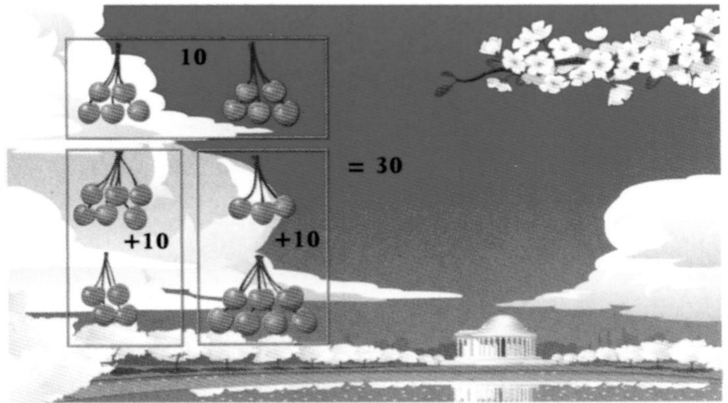

甜甜的樱桃

如果可能的话，先把樱桃凑成整数再求和。樱桃们两两一组，每组 10 颗，3 组一共有 30 颗樱桃。

10 ＋ 10 ＋ 10 ＝ 30

土拨鼠不见了

先将两行土堆视为一组相加，每组 9 个土堆，3 组一共 27 个土堆。再减掉 4 只土拨鼠，剩下 23 个空土堆。

27 － 4 ＝ 23

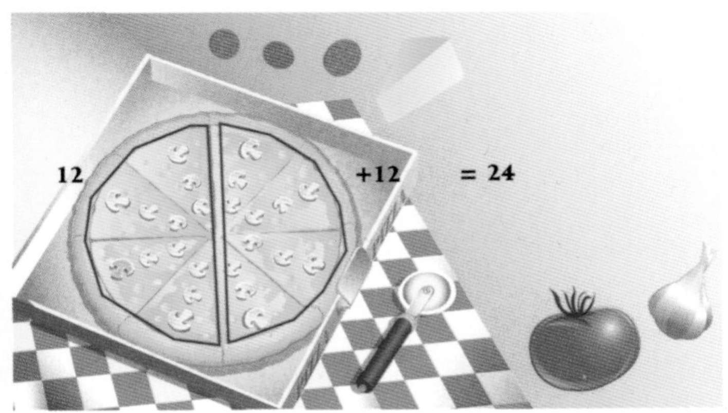

外卖大比萨

比萨是对称的，可以先数出半边有多少蘑菇，再将所得翻倍，得出共有 24 片蘑菇。

12 ＋ 12 ＝ 24

认识骰子

先别急着把相同的骰子相加，每一行骰子能凑成 10 点。一共有 4 行，所以有 40 点。

10 + 10 + 10 + 10 = 40

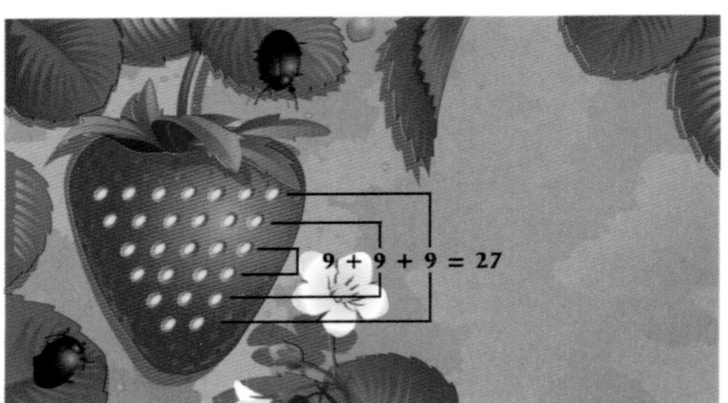

草莓籽

将第一行数字和最后一行数字相加，第二行数字和倒数第二行数字相加，依此类推。你会发现每一组都有相同的和，一共有 3 组，每组的和是 9，因此一共有 27 粒草莓籽。

9 + 9 + 9 = 27

睡着的窗户

先数出所有的窗户。每一列有 5 扇，7 列一共有 35 扇窗户。减去没有亮灯的，还剩 28 扇窗户亮着灯。

35 − 7 = 28

清凉的风

通常我们会把颜色相同的 3 个点加起来，这次换个角度，将 3 组不同颜色的 5 个点相加，总共得到 15 个点。

5 + 5 + 5 = 15

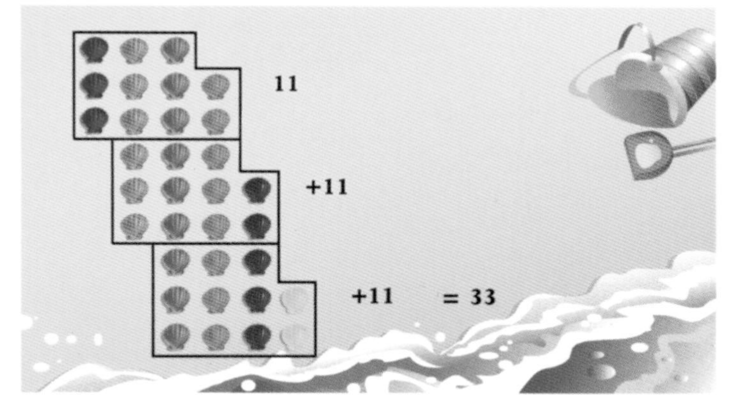

扇贝的惊喜

前 3 行可以组成一组，有 11 个扇贝。注意这个模式重复出现两次，所以一共有 33 个扇贝。

11 ＋ 11 ＋ 11 ＝ 33

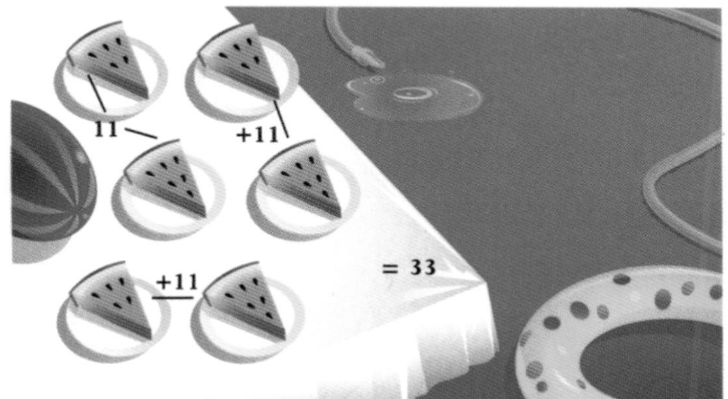

会飞的西瓜子

可以先将两片西瓜上的子相加求和。6 片西瓜可以分成 3 组，每组有 11 粒西瓜子，所以一共有 33 粒西瓜子。

11 ＋ 11 ＋ 11 ＝ 33

外面有片丛林

首先沿着斜线将所有的生物加起来，一共有 36 只生物。再减掉 3 只蝴蝶和 3 只毛毛虫，一共有 30 只甲虫。

36 － 6 ＝ 30

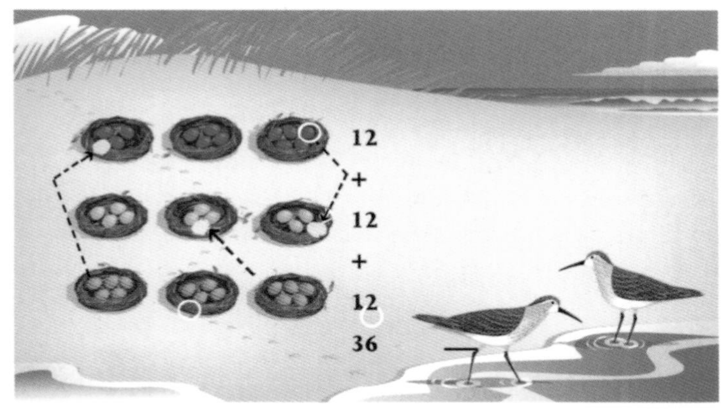

鸟宝宝

如果你从有 5 颗蛋的鸟窝中移出 1 颗到只有 3 颗蛋的鸟窝，那么 9 个鸟窝每个都变成了有 4 颗蛋。每一行鸟窝有 12 颗蛋，3 行共有 36 颗。

12 ＋ 12 ＋ 12 ＝ 36

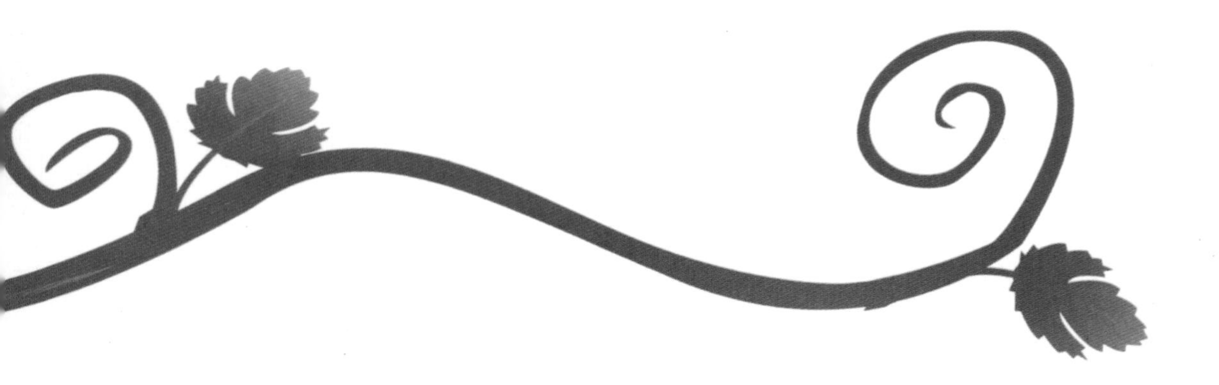

特别感谢斯蒂芬妮·勒克、丹尼尔·纳拉哈拉和杰弗里·惠勒充满创造性和艺术性的建议。

黑版贸审字 08-2019-237 号

图书在版编目（CIP）数据

水果中的数学 / (美) 格雷戈·唐 (Greg Tang) 著；(美) 哈利·布里格斯 (Harry Briggs) 绘；小杨老师译. — 哈尔滨：哈尔滨出版社, 2020.11
（创意数学：我的数学拓展思维训练书）
书名原文: THE GRAPES OF MATH
ISBN 978-7-5484-5077-1

Ⅰ. ①水… Ⅱ. ①格… ②哈… ③小… Ⅲ. ①数学－儿童读物 Ⅳ. ①O1-49

中国版本图书馆CIP数据核字(2020)第003850号

书　　名：创意数学：我的数学拓展思维训练书. 水果中的数学
CHUANGYI SHUXUE:WODE SHUXUE TUOZHAN SIWEI XUNLIAN SHU.SHUIGUO ZHONG DE SHUXUE

作　　者：[美]格雷戈·唐　著　[美]哈利·布里格斯　绘　小杨老师　译
责任编辑：滕　达　尉晓敏　　责任审校：李　战
特约编辑：李静怡　翟羽佳　　美术设计：官　兰

出版发行：哈尔滨出版社（Harbin Publishing House）
社　　址：哈尔滨市松北区世坤路738号9号楼　　邮编：150028
经　　销：全国新华书店
印　　刷：深圳市彩美印刷有限公司
网　　址：www.hrbcbs.com　　www.mifengniao.com
E-mail：hrbcbs@yeah.net
编辑版权热线：（0451）87900271　87900272
销售热线：（0451）87900202　87900203

开　　本：889mm × 1194mm　1/16　印张：19　字数：64千字
版　　次：2020年11月第1版
印　　次：2020年11月第1次印刷
书　　号：ISBN 978-7-5484-5077-1
定　　价：158.00元（全8册）

凡购本社图书发现印装错误，请与本社印制部联系调换。
服务热线：（0451）87900278